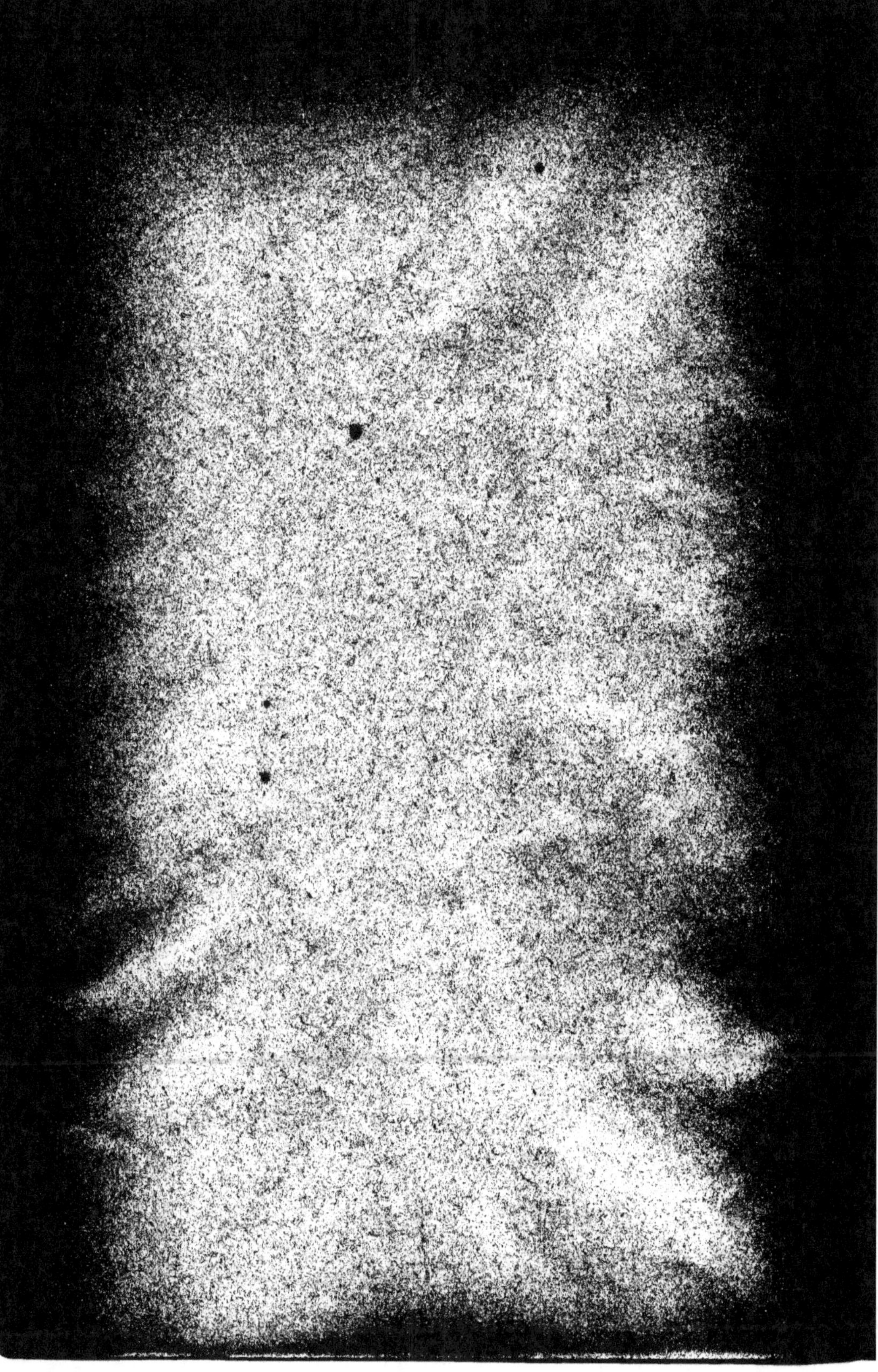

PROGRAMME DE RECHERCHES

Le Conseil se réunit tous les ans, et chaque pays ... envoyer à la réunion un ou deux délégués, outre les ... qui traitent les questions de biologie, hydrographie, ... tique, etc. Les diverses questions sont traitées par section ... le Conseil fixe le programme des travaux pour l'année ... vante.

En dehors d'une contribution annuelle versée au Conseil international, chaque pays adhérent entretient un navire de recherches spécialement équipé pour les travaux océanographiques.

Des ouvrages d'une importance capitale au point de vue scientifique et pratique ont été écrits, à la suite de ces recherches, par des hommes d'étude danois et norvégiens. Par une série d'observations personnelles, portant sur une expérience quasi journalière de 20 années, ils arrivent à préciser les migrations des poissons tels que la morue, la plie, l'anguille, etc., etc. Le procédé employé consiste à passer un anneau métallique à la queue d'un certain nombre de poissons que l'on rejette vivants à la mer ; sur ces anneaux sont inscrits les lieu et date de la capture, et les marins qui repêchent, plus tard, ces poissons, savent qu'ils toucheront une prime s'ils en- voient les anneaux à la station aquicole marquée, en indiquant les parages et la date de la pêche. C'est ainsi que le docteur ès sciences Johan Schmidt a établi avec une précision remarquable la marche de la morue, par saisons, autour de l'Islande ; de même, le docteur Hjort a établi les mouvements de ce poisson le long des côtes de Norvège.

L'intérêt de ces travaux est indiscutable, tant au point de vue scientifique qu'au point de vue pratique. Mais nous n'avons pas l'intention de traiter cette vaste question au point de vue scientifique, qui n'est pas de notre compétence.

Au point de vue pratique, le navire de recherches peut avoir pour but de favoriser l'intérêt immédiat du pêcheur, en lui ...

nissent des indications utiles sur les mouvements du poisson.

Il est, en effet, universellement reconnu aujourd'hui que la mer ne peut être épuisée de son poisson, dont la reproduction formidable peut défier tous les chaluts du monde. Les pêcheurs passent cependant des périodes pénibles à la recherche du poisson, qui afflue, par contre, fâcheusement, dans d'autres périodes. La pêche du merlu, notamment, rend peu à l'automne et en hiver, alors qu'au printemps il s'est donné en abondance pour nos navigateurs de l'Atlantique qui errent toute l'année des côtes du Portugal à celles de l'Irlande. Le marin ignorant qui rentre au port sans poisson, fatigué de ses pérégrinations sans résultat, se décourage et crie à la disparition de l'espèce. Cette disette a pour effet un arrêt dans la consommation et une fluctuation invraisemblable des cours. La consommation de l'Europe est enrayée, faute d'aliment ; quant aux cours, il suffira, pour préciser leur état, de rappeler qu'ils varient jusqu'à 35 % d'un jour à l'autre, et que le merlu vendu en mai-juin au taux de 0 fr. 60, atteint, en décembre, 1 fr. et même 2 fr. 50. Le marin instruit et observateur sait, par contre, que l'espèce n'a pas disparu, mais qu'elle voyage en des régions ignorées. La mer est, en effet, peuplée de même manière l'hiver et l'été, mais les animaux marins suivent, comme ceux de terre, l'influence des phénomènes naturels : l'instinct de la conservation les pousse à aller là où ils trouvent leur nourriture, dont le plankton constitue le principal élément. Sans cause apparente, le pêcheur voit tout à coup le poisson disparaître d'un banc de pêche où il foisonnait la veille, sans pouvoir se rendre compte de la direction qu'il a prise. Pour conclure : arrêt dans la consommation, fièvre dans les cours, mais aussi situation précaire du pêcheur et perte pour l'armement, qui entretient à grands frais inutiles des unités navigantes pour le seul profit,

recherches effectuées par le vapeur « Hiawatha », en 1913, figurent au Rapport de 1913, actuellement sous presse. Des rapports plus complets sur les travaux de recherches de la Chambre sont publiés de temps en temps, au fur et à mesure de l'avancement des travaux.

Dans les Rapports du Comité local du Lancashire et des Pêches de l'Ouest, dans le Journal de l'Association maritime biologique, dans les Rapports scientifiques du Comité local des Pêches du Northumberland, dans les Transactions du Comité maritime biologique de Liverpool et dans les Publications Mera, respectivement, nous trouvons les résultats des recherches entreprises par le « James-Fletcher », le « Oithona », le « Evadne » et par deux yachts à vapeur privés, le « Runa » et le « Mera » : la lecture de ces diverses publications est édifiante.

Les frais de location et entretien du vapeur « Hiawatha » sont supportés par un don spécial fait à la Chambre des Pêches par le Fonds de développement. Le montant du don fait à cette fin, pour l'année 1913-14, s'est élevé à 7,700 livres ; pour l'année courante, il s'élève à 8,090 livres (environ 200,000 fr.). Pour la même année 1913-14, un don de 900 livres a été fait par le Fonds de développement pour contribution à l'entretien du « James Fletcher », et ce don a été renouvelé pour l'année courante.

Aucun don n'est fait par le Trésor pour l'entretien des navires indiqués, mais le Fonds de développement a fait des dons à l'Association maritime biologique, au Comité biologique maritime de Liverpool et au Laboratoire maritime de Dove comme contribution à leurs recherches au profit des pêches, de même que des allocations de 200 et 100 livres par an respectivement sont votées par la Chambre comme contribution aux recherches marines poursuivies par le Département zoologique de l'Université de Liverpool et par le Collège Arm-

Allemagne — [illegible]

Russie

De ce qui précède, il résulte qu'en dehors de la Norvège, où un seul homme dirige et administre les recherches océanographiques, les sommes allouées sont, dans les autres pays, administrées de deux façons : soit, comme en Angleterre et aux États-Unis, par un personnel d'hommes de science nommés directement par le ministère compétent ; soit, comme en Allemagne, Suède et Danemark, par une commission présidée par le premier délégué au Conseil international.

Nous venons de vous parler de l'étranger et de vous faire part des renseignements que nous devons à la très grande amabilité de quelques collègues appartenant aux divers pays dont nous avons avec plaisir enregistré l'initiative.

Nous avons le triste devoir de nous taire pour la France. La France, si justement fière de ses hardis marins, si fière aussi de ses savants, qui se sont toujours fait remarquer au premier rang dans l'histoire de la civilisation, la France a une page blanche dans le livre des recherches océanographiques scientifiques et pratiques.

Il faut s'étonner que notre pays, qui a tant d'intérêts en jeu dans cet ordre d'idées, n'ait pas cru devoir se joindre aux autres nations dans l'accomplissement de la tâche internationale à laquelle collaborent les gouvernements anglais, allemand, danois, norvégien, hollandais, belge, russe, finlandais. Les États-Unis, qui ne participent nullement aux pêches de la mer du Nord, de la Baltique et du banc continental, n'ont pas hésité à donner leur adhésion au Conseil permanent international pour l'exploration de la mer : gens pratiques avant tout, les Américains estiment sans doute que les observations faites dans n'importe quelle mer doivent leur donner, par comparaisons et déductions, des indications intéressantes pour leurs propres parages, s'inspirant à juste titre de cette vérité que les mêmes lois naturelles régissent tous les poissons.

Certains armateurs à la pêche française penseront peut-

raison de cette infériorité réside dans l'ignorance de nos
marins ; l'indifférence de nos dirigeants fait le reste. Un
exemple frappant de cette indifférence vient de nous être fourni
récemment : dans une de ses séances, le Comité de direction
du Comité central des armateurs de France avait émis un vœu
tendant à l'adhésion de la France au Conseil permanent international pour l'exploration de la mer, et à la création d'une
organisation scientifique et pratique en matière de pêche. Mal-
gré les démarches multiples faites auprès du ministère, tant par le
Secrétariat du Comité central que par le docteur Charcot, nous-
mêmes et d'autres, la tentative faite n'a pas abouti. Le Comité
central des armateurs de France s'est heurté à une opposition
inexplicable ; à ce groupement d'hommes de métier, un fonc-
tionnaire a pu répondre : « La France ne doit pas adhérer au
Conseil permanent international, parce que ce n'est point utile
et que le bateau de recherches n'est point intéressant »!

Nous venons de signaler à la sollicitude du Gouvernement
un mal dont souffre l'armement à la pêche.

L'indication du mal permet la recherche du remède, et nous
demandons au Congrès d'appeler l'attention des pouvoirs
publics sur cette situation.

Notre pays, toujours le premier dans la voie du progrès, ne
peut marquer le pas : tout est à faire chez nous dans cet ordre
d'idées. Armons des navires de recherches comme les Anglais,
les Allemands, les Norvégiens, les Danois, les Russes, les Américains ; joignons nos efforts et nos travaux à ceux de nos collègues des deux mondes en adhérant au Conseil permanent
international pour l'exploration de la mer ; et formons des
vœux pour qu'au plus tôt notre concours actif soit enregistré
à des assemblées internationales où notre absence fait l'objet
de l'étonnement général.

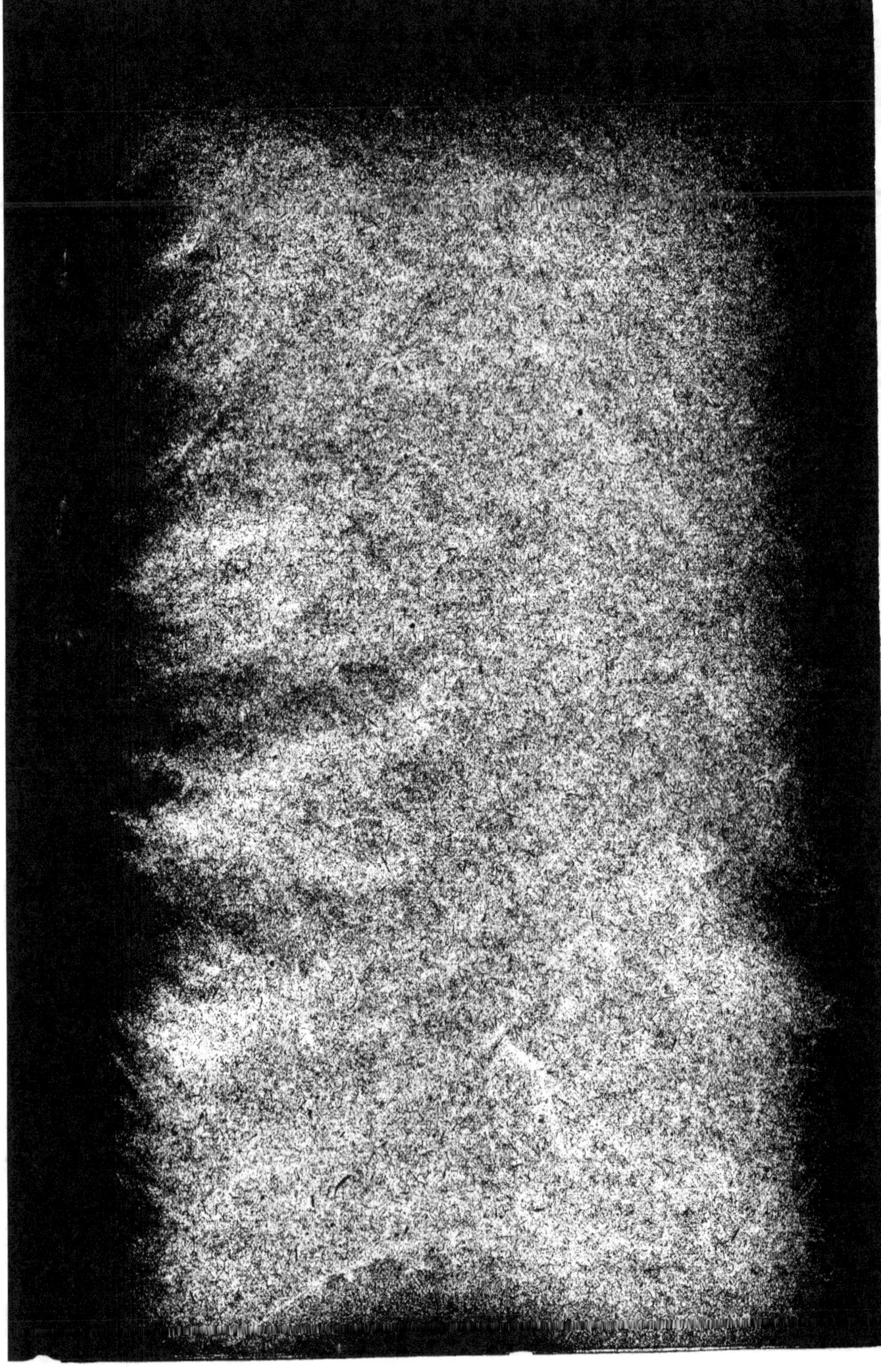

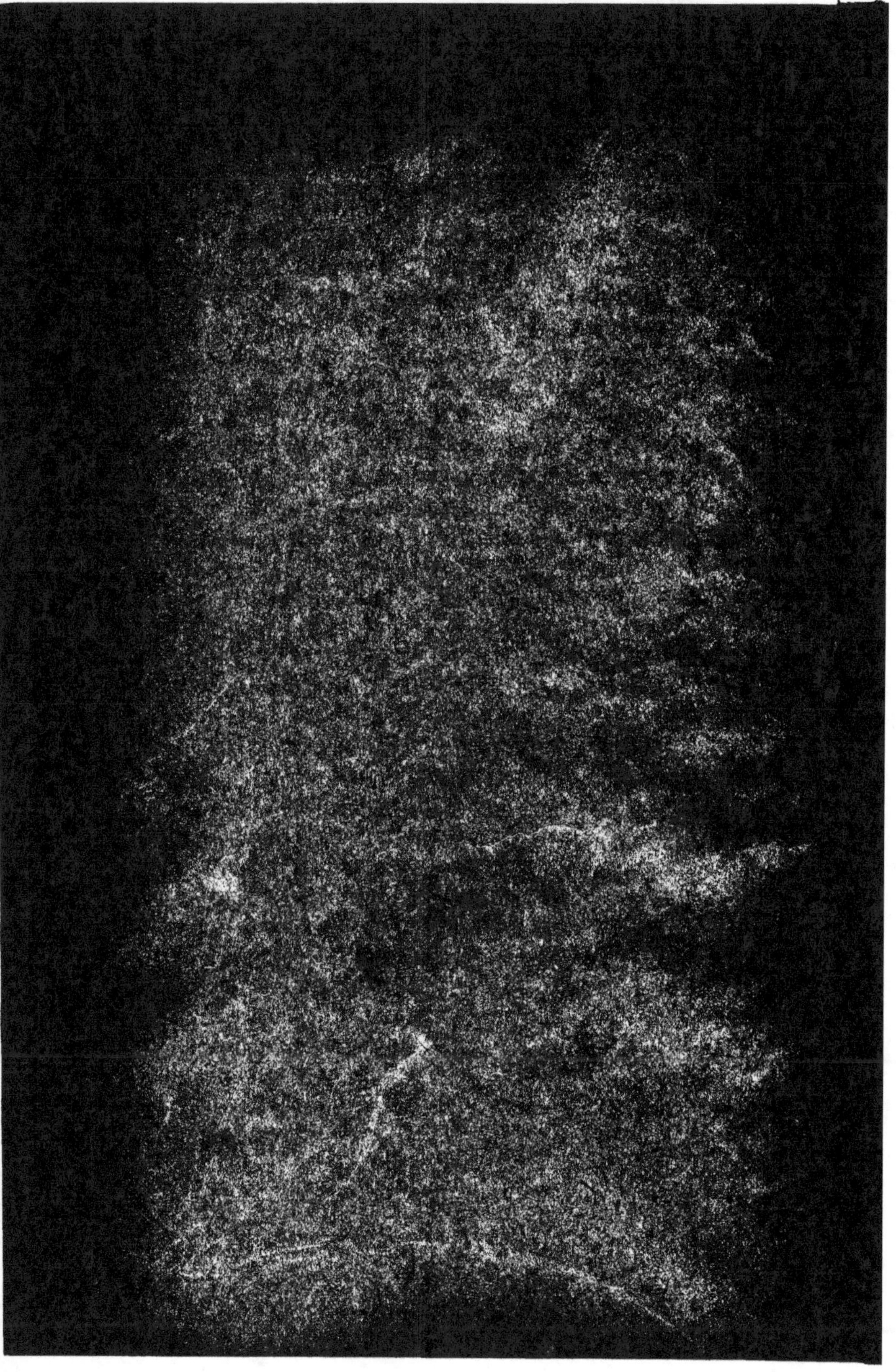

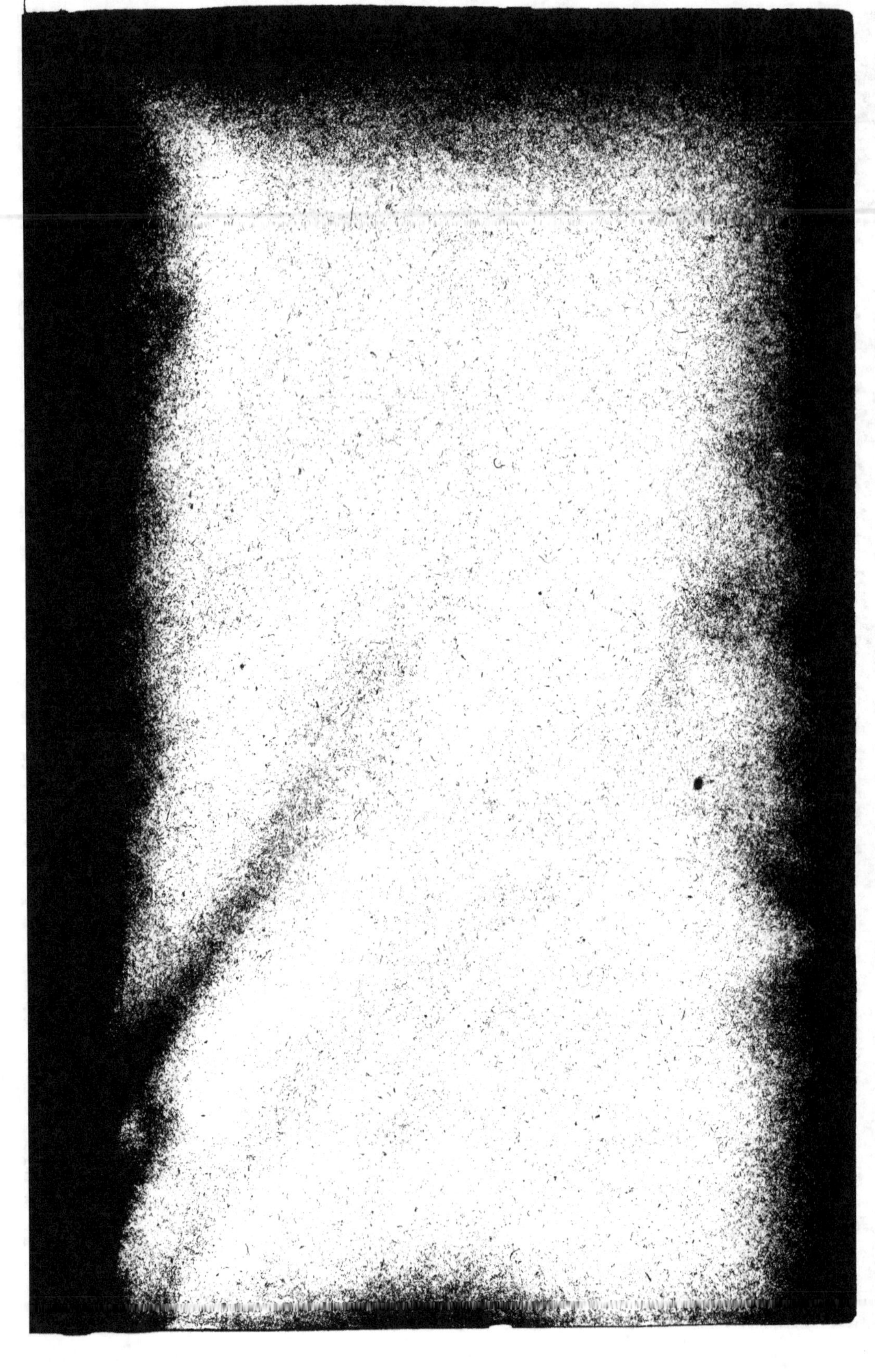

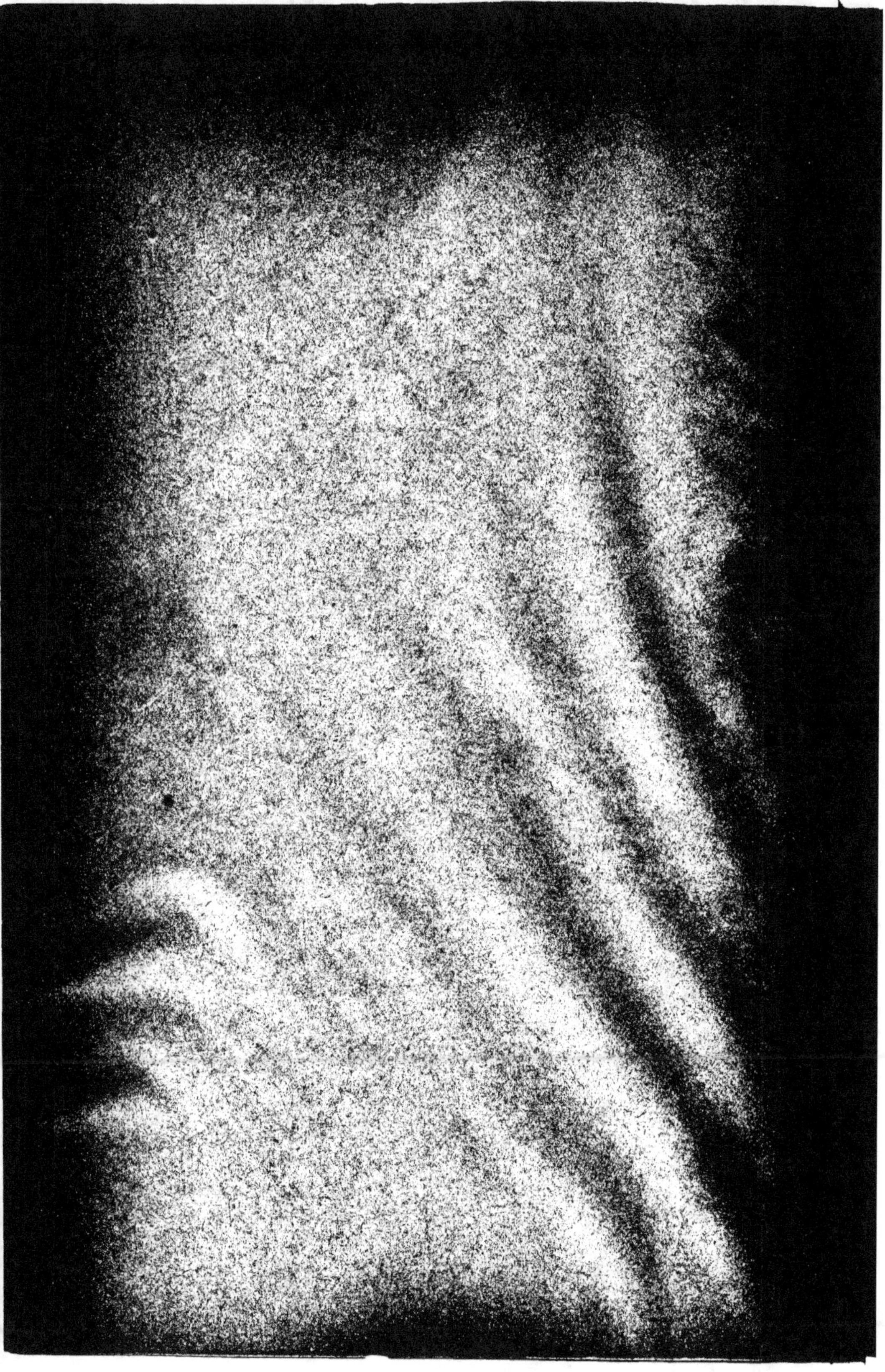